GRANDE SOCIÉTÉ

DES

CHEMINS DE FER RUSSES.

DOCUMENTS OFFICIELS.

PARIS,
IMPRIMERIE ADMINISTRATIVE DE PAUL DUPONT,
45, rue de Grenelle-Saint-Honoré.

1858.

DOCUMENTS OFFICIELS.

1859

UKASE

AU SÉNAT DIRIGEANT.

Dans Notre sollicitude pour les intérêts de notre patrie, dont la prospérité Nous tient tant à cœur, Nous avons depuis longtemps reconnu que la Russie, richement dotée par la nature, éprouvait, vu l'immense étendue qu'elle embrasse, un besoin tout particulier de communications faciles.

Cette conviction s'est encore fortifiée par suite des travaux auxquels Nous avons eu personnellement à concourir dès l'année 1842, alors que la volonté de Notre Auguste Père, de glorieuse mémoire, Nous appela à présider le comité des chemins de fer, chargé de délibérer sur l'établissement de la ligne de Saint-Pétersbourg à Moscou, et sur divers projets de routes semblables.

La construction même de cette voie, portant aujourd'hui à si juste titre le nom de l'Empereur Nicolas, a encore mis plus en évidence les avantages de ce nouveau mode de communication pour notre pays, toute son utilité en temps de paix comme en temps de guerre. Les chemins de fer dont, il y a dix ans à peine, l'urgence était encore contestée, sont reconnus maintenant par toutes les classes de la population comme une nécessité pour l'Empire, et sont devenus un besoin national, un vœu aussi instant que général.

Pénétré de cette conviction profonde, Nous avons prescrit, dès la cessation des hostilités, d'aviser au moyens les plus propres à satisfaire à cette exigence impérieuse. Un examen attentif a démontré l'avantage qu'il y aurait, sous le double rapport des facilités et de la promptitude d'exécution, de s'adresser de préférence, à l'exemple de tous les autres pays, à l'industrie privée, tant nationale qu'étrangère, le recours à celle-ci permettant en outre de mettre à profit la grande expérience déjà acquise par la construction de plusieurs milliers de verstes de voies ferrées dans les contrées occidentales de l'Europe.

Diverses offres ont été provoquées, proposées et combinées sur ces bases, et, après un mûr examen de l'affaire par le Comité des Ministres et sa discussion en Notre présence, les conditions reconnues à l'unanimité comme les meilleures, et sanctionnées par Nous, se sont trouvées être celles de la Compagnie de capitalistes russes et étrangers à la tête de laquelle figure notre banquier, le baron de Stieglitz.

Aux termes de ces conditions, la Compagnie s'engage à construire, à ses risques et dépens, dans l'espace de dix années, et à entretenir ensuite, durant une période de quatre-vingt-cinq ans, un réseau déterminé d'environ quatre mille verstes de chemins de fer, sous l'unique garantie par le Gouvernement de cinq pour cent sur les sommes affectées à la construction, et avec la clause qu'à l'expiration des susdits termes le réseau entier fera retour gratuit à l'État.

Évitant l'obligation de sacrifices considérables et immédiats, le Gouvernement, en adoptant ces bases, se trouvera à même d'effectuer la construction du premier réseau des chemins de fer russes par la seule force de la confiance qu'inspire la stricte exactitude qu'il a constamment apportée à faire honneur à ses engagements, même au milieu des plus plus pénibles époques des luttes nationales.

Ce réseau s'étendra de Saint-Pétersbourg à Varsovie et à la frontière prussienne, de Moscou à Nijni-Novgorod, de Moscou par Kursk et la région du bas Dniéper à Théodosie, et de Kursk ou bien d'Orel par Dunabourg, à Liebau. Ainsi, moyennant une voie ferrée continue à travers vingt-six gouvernements, se trouveront reliés trois capitales, nos principaux fleuves navigables, les centres de nos excédants agricoles et deux ports accessibles presque toute l'année sur les mers Noire et Baltique : l'exportation sera facilitée, les transports et l'approvisionnement intérieur seront assurés.

Abordant, avec un ferme espoir dans les bénédictions du Très-Haut, une entreprise nationale aussi vaste et bienfaisante, Nous faisons un appel à la coopération zélée et consciencieuse de tous Nos fidèles sujets, et ordonnons de mettre à exécution :

1° L'Acte contenant les conditions fondamentales de la concession du premier réseau des chemins de fer russes;

2° Les Statuts de la Grande Société des chemins de fer russes, organisée pour les constructions précitées;

Acte et Statuts qui se trouvent annexés au présent Ukase.

Le Sénat Dirigeant aura à prendre les dispositions nécessaires à cet effet.

L'original est signé de la propre main de Sa Majesté l'Empereur.

ALEXANDRE.

Saint-Pétersbourg, le 26 janvier 1857.

Traduit par le conseiller de Cour,

Baron de MOHRENHEIM.

Le Ministère impérial des affaires étrangères atteste que la traduction légale ci-dessus a été faite par son ordre.

En foi de quoi ledit Ministère a fait munir la présente de son sceau.

Saint-Pétersbourg, le 31 janvier 1857.

Le Directeur du département de l'Intérieur,

(Signé) HILFERDING.

Le Chef de Section,

(Signé) A. MALEIN.

ACTE

CONTENANT LES CONDITIONS FONDAMENTALES

DE LA

CONCESSION DU PREMIER RÉSEAU

DES

CHEMINS DE FER RUSSES.

ART. 1er.

MESSIEURS

STIEGLITZ et Cie, banquiers à Saint-Pétersbourg,
S.-A. FRAENKEL, banquier à Varsovie,
BARING frères et Cie, banquiers à Londres,
HOTTINGUER et Cie, banquiers à Paris,
THOMAS BARING, banquier à Londres, agissant au nom et comme se portant fort de MM. HOPE et Cie, banquiers à Amsterdam,
ISAAC PEREIRE, administrateur de la Compagnie du Chemin de fer de Paris à Lyon, et
AUGUSTE THURNEYSSEN, administrateur de la Compagnie du Chemin de fer de l'Ouest en France,

Agissant tant en leur nom personnel que comme se portant fort de

MM. MENDELSSOHN et Cie, banquiers à Berlin,

Émile Pereire, président du Conseil d'administration des Chemins de fer du Midi et du canal latéral à la Garonne,

B.-L. Fould et Fould-Oppenheim, banquiers à Paris,

Mallet frères, banquiers à Paris,

Baron Seillière, banquier à Paris,

J.-J. de Uribarren, banquier à Paris,

Des Arts, Mussard et Cie, banquiers à Paris,

Adolphe d'Eichthal, président du Conseil d'administration de la Compagnie générale maritime à Paris,

Frédéric Grieninger et Casimir Salvador, capitalistes à Paris,

S'engagent à exécuter à leurs frais, risques et périls, un réseau de chemins de fer composé des lignes suivantes, savoir :

1° La ligne de Saint-Pétersbourg à Varsovie, suivant le tracé approuvé par le Gouvernement et le projet en cours d'exécution, sauf les modifications qui pourraient être ultérieurement autorisées par le Gouvernement sur la proposition de la Compagnie ;

2° L'embranchement à ouvrir entre la ligne précédente et la frontière prussienne, vers Kœnigsberg, et aboutissant à ladite frontière en un point qui sera déterminé par le Gouvernement;

3° La ligne de Moscou à Théodosie, passant par ou près les villes de Tula, Orel, Kursk, Charkow, débouchant, soit directement, soit par un embranchement à la partie inférieure du Dniéper, et passant entre Perekop et Guenitchi;

4° Une ligne se détachant de la précédente vers Kursk ou Orel, passant par Dunabourg, et aboutissant au port de Liebau en Courlande; le Gouvernement s'obligeant à prendre les mesures nécessaires pour que l'achèvement des travaux destinés à compléter le port de Liebau coïncide avec l'achèvement des travaux de la ligne de Dunabourg à Liebau ;

5° La ligne de Moscou à Nijni-Novgorod, dont le tracé définitif, comme celui de chacune des lignes précédentes, sera arrêté par le Gouvernement sur la proposition de la Compagnie.

Les concessionnaires auront la faculté de rattacher à Saint-

Pétersbourg et à Moscou les lignes précédentes avec le chemin de fer qui unit ces deux villes.

Art. 2.

La concession pour ce qui concerne le chemin de Saint-Pétersbourg à Varsovie comprend les terrains, les terrassements et les ouvrages d'art, l'infrastructure et la superstructure de la voie de fer avec leurs dépendances immobilières et mobilières, telles que bâtiments des stations, places de chargement et déchargement, constructions aux lieux d'arrivée et de départ, maisons de garde et de surveillance, avec leur matériel et mobilier, approvisionnement de combustible et autres matériaux, machines fixes et mobiles, locomotives, wagons, outillage, en telle quantité et tel état qu'ils se trouveront à l'époque de la remise du chemin de fer à la Compagnie et sans en rien distraire.

Les concessionnaires sont substitués à tous les droits et charges de l'État relativement à tous traités intervenus entre ce dernier et des entrepreneurs de travaux, fournisseurs de matériaux, constructeurs de wagons, tant pour l'établissement du chemin que pour son exploitation.

A l'époque de l'entrée en jouissance des concessionnaires, il sera dressé un état descriptif authentique et contradictoire de tous les objets et contrats compris dans la concession.

Le Gouvernement délivrera, en outre, aux concessionnaires tous les plans, devis, études et notions relatifs aux chemins de fer désignés à l'article 1er, qui pourraient leur être utiles.

Art. 3.

Les concessionnaires s'engagent à commencer les travaux dans l'année qui suivra la signature de l'ukase de concession, et à les conduire de telle sorte que le développement des chemins de fer terminés soit au moins de trois cents verstes à la fin de la troisième année, au moins de mille verstes à la fin de la cinquième année, et que l'ensemble du réseau soit complétement achevé dans un délai de dix ans, à dater du jour de la concession.

Tous les travaux seront exécutés conformément aux tracés définitifs et aux plans dressés par les concessionnaires et approuvés par le directeur en chef des voies de communication et des travaux publics.

Les terrassements et les ouvrages d'art seront établis partout pour deux voies ferrées; toutefois, la Compagnie sera autorisée à commencer l'exploitation sur une seule voie, accompagnée de voies de garage suffisantes, et jusqu'à concurrence au moins d'un cinquième de la longueur totale; mais le Gouvernement pourra, s'il le juge nécessaire, exiger que la deuxième voie soit posée successivement sur chacune des sections ou parties du railway dont le revenu brut annuel atteindrait neuf mille roubles argent par verste.

La largeur de la voie ferrée sera la même que celle du chemin de fer de Saint-Pétersbourg à Moscou, sauf les exceptions autorisées par le directeur en chef des voies de communication et des travaux publics; l'inclinaison maximum des pentes sera de huit milliémes, et le rayon des courbes sera au minimum de trois cents sagènes.

ART. 4.

Pour garantie de la bonne exécution des lignes concédées, le concessionnaires s'obligent à verser entre les mains du Gouvernement russe, à titre de cautionnement, au fur et à mesure des émissions d'actions ou d'obligations qui auront lieu pour la formation du capital social, et dans le mois de ces émissions, cinq pour cent du capital nominal de la première émission, et cinq pour cent du capital effectivement appelé sur les émissions ultérieures.

La première émission devant être de soixante-quinze millions de roubles argent, soit trois cents millions de francs, le cautionnement de cinq pour cent sur cette somme devra être déposé dans le mois de l'ukase de la concession, soit en argent, soit en rentes de l'État russe.

Toutefois, une partie de ce cautionnement, proportionnelle

à la souscription française, pourra être réalisée en rentes françaises.

La Compagnie concessionnaire rentrera dans le cautionnement par elle versé par dixième, au fur et à mesure de l'avancement des travaux, de telle façon que, lorsqu'elle aura effectué pour sept millions cinq cent mille roubles argent de travaux, il lui sera rendu trois cent soixante-quinze mille roubles argent sur le cautionnement.

Dans tous les cas, le cautionnement ne pourra être, jusqu'à l'entière ouverture des lignes concédées, moindre de trois millions de roubles argent.

Art. 5.

La Compagnie a droit de pleine et entière jouissance pour son compte exclusif, à ses frais et risques, des chemins concédés pendant quatre-vingt-cinq ans, à dater de l'expiration des dix années accordées pour l'achèvement des travaux, ou bien jusqu'à l'époque du rachat à faire par l'Etat, suivant l'article 9 ci-après, en se conformant à toutes les conditions stipulées et sous l'observation des lois et règlements de Russie.

Art. 6.

Le Gouvernement garantit à la Compagnie, pour intérêts et amortissement des capitaux engagés, cinq pour cent par an sur les sommes ci-dessous énumérées.

Pour l'application de cette garantie, le réseau sera divisé en sections de la manière suivante :

Ligne de Saint-Pétersbourg à Varsovie, deux sections :

1° De Saint-Pétersbourg à Vilna ou Kowno ;

2° Et de Vilna ou Kowno à Varsovie et à la frontière de Prusse.

Ligne de Moscou à Théodosie, deux sections :

1° De Moscou à Kursk ;

2° Et de Kursk à Théodosie.

Ligne de Kursk ou d'Orel à Liebau, deux sections :

1° De Kursk ou d'Orel à Dunabourg ;

2° Et de Dunabourg à Liebau.

Ligne de Moscou à Nijni-Novgorod, une section.

La garantie de l'Etat sera applicable à chacune de ces sections, prise séparément, et elle commencera à courir, pour chaque section, du jour où elle aura été mise en exploitation.

La garantie s'appliquera, d'ailleurs, à l'ensemble du réseau, le produit de toutes les lignes étant confondu.

Elle durera jusqu'au terme de la concession, ou bien jusqu'au rachat par l'Etat.

Pour la ligne de Saint-Pétersbourg à Varsovie, cette garantie de l'Etat sera calculée sur un capital de quatre-vingt-cinq millions de roubles argent.

Pour la ligne d'embranchement dirigée sur la frontière prussienne vers Kœnigsberg, le capital sur lequel portera cette garantie de l'Etat sera établi d'après la longueur effective dudit embranchement, et à raison d'une dépense moyenne de soixante-neuf mille roubles argent par verste.

Enfin on établira, par un calcul semblable et d'après la longueur effective de chaque ligne, le capital dont l'intérêt avec amortissement est garanti à cinq pour cent par l'Etat pour les chemins de fer de Moscou à Théodosie, de Kursk ou d'Orel à Liebau, et de Moscou à Nijni-Novgorod ; mais le prix moyen par verste sera réduit, pour chacun de ces chemins, à soixante-deux mille cinq cents roubles argent.

L'évaluation de la garantie de chaque section sera proportionnelle à sa longueur.

Art. 7.

Dans le cas où l'Etat aurait eu à compléter les cinq pour cent ci-dessus indiqués, il lui sera tenu compte des sommes par lui avancées à ce titre par l'attribution de la portion du produit net qui excéderait cinq pour cent.

Il est entendu que cette attribution cessera aussitôt que l'Etat aura été complétement remboursé du montant de ses avances et des intérêts simples calculés à quatre pour cent.

ART. 8.

Lorsque le produit net spécial de la ligne de Saint-Pétersbourg à Varsovie, prise avec son embranchement sur la frontière prussienne, excédera cinq pour cent du capital dont l'intérêt est garanti à la Compagnie sur ladite ligne et son embranchement, la moitié de l'excédant sera attribuée à l'État jusqu'au complet remboursement, sans intérêt, des dix-huit millions roubles argent, montant à forfait des sommes dépensées par lui, sans dérogation à la garantie générale stipulée à l'article 6.

Il sera tenu à cet effet une comptabilité spéciale des dépenses et recettes d'exploitation de ladite ligne.

ART. 9.

A toute époque, après l'expiration des vingt premières années écoulées à dater de l'expiration des dix années accordées pour l'achèvement des travaux, le Gouvernement aura la faculté de racheter la concession entière.

Pour régler le prix du rachat, on relèvera les produits nets annuels obtenus sur l'ensemble du réseau pendant les sept années qui auront précédé celle où le rachat sera effectué, on en déduira les produits nets des deux plus faibles années, et l'on évaluera le produit net moyen des cinq autres années.

Ce produit net moyen fournira le montant d'une annuité qui sera due et payée par semestre à la Compagnie, pendant chacune des années restant à courir sur les quatre-vingt-cinq ans fixés par l'article 5.

Dans aucun cas, le montant de l'annuité ne sera inférieur ni au produit net de la dernière des sept années prises pour terme de comparaison, ni à la somme annuelle des intérêts garantis par le Gouvernement aux termes de l'article 6.

Art. 10.

A l'époque fixée pour l'expiration de la concession, ou en cas de rachat, le Gouvernement entrera immédiatement en jouissance des chemins de fer et de leurs dépendances immobilières et mobilières nécessaires à l'exploitation.

Toutefois, quant aux objets mobiliers, tels que locomotives, wagons, machines, outils, outillage et mobilier d'exploitation, la Compagnie sera remboursée de la valeur du matériel ajouté par elle au matériel initial nécessaire pour la mise en exploitation des lignes.

Pour établir le montant de la somme à rembourser, la valeur totale effective du matériel livré à l'État au moment de la reprise sera estimée de gré à gré, ou à dire d'experts, et de cette valeur totale on retranchera cinq mille roubles argent pour chaque verste de longueur des chemins rachetés. Cette somme de cinq mille roubles argent représente à forfait la valeur du matériel initial, telle qu'elle résultera de la dépréciation produite par l'usage.

Pour ce qui concerne les approvisionnements en combustibles et autres matériaux de tout genre, la Compagnie devra les remettre à l'État, à un prix convenu de gré à gré ou réglé par experts.

La Compagnie restera propriétaire des constructions spéciales, telles que fours à coke, usines, fonderies, fabriques de machines et autres, magasins, docks, etc., qu'elle aurait établies en dehors des dépendances des chemins de fer, et généralement de tous les biens meubles et immeubles qu'elle aurait acquis en vertu des dispositions de l'article 21 ci-après.

Art. 11.

Pendant la période fixée par l'article 3 pour la construction du réseau, et pendant les dix années suivantes, il ne sera établi, en concurrence avec les lignes concédées à la Compagnie, aucune ligne partant d'un des points du réseau concédé, et pouvant desservir un autre point du même réseau, à moins de graves motifs politiques ou commerciaux, reconnus et constatés par le Gouvernement.

Dans ces cas, la concession des nouvelles lignes sera accordée de préférence à la Compagnie à conditions égales.

Art. 12.

Le maximum du tarif, pour les voyageurs et les marchandises, que la Compagnie est autorisée à percevoir, est soumis aux limitations suivantes :

VOYAGEURS, PAR TÊTE ET PAR VERSTE.

1re *Classe*	3	kopeks.
2e *Classe*	2 1/4	—
3e *Classe*	1 1/4	—

Une réduction dans le tarif de troisième classe sera admise pour les voyageurs de cette classe qui seront transportés dans les trains de marchandises.

BESTIAUX PAR TÊTE ET PAR VERSTE.

Bœufs, vaches, taureaux, chevaux, mulets, bêtes de trait	3	kopeks.
Veaux et porcs	1	do
Moutons, brebis, agneaux, chèvres	1/2	do

MARCHANDISES PAR POUD ET PAR VERSTE.

1re *Classe.* — Fers et plombs ouvrés, cuivres, fontes moulées et autres métaux ouvrés ou non, vinaigres, vins, boissons spiritueuses, huiles, suif, cotons, lainages, bois de menuiserie, de teinture et autres bois exotiques, garance, sucre, café, thé, drogues, épiceries, denrées coloniales et objets manufacturés, huîtres et poissons frais, objets de librairie, plumes et duvets, colle de poisson, porcelaine et faïence, plantes, fruits, houblons, meubles, instruments de musique, pelleteries, glaces, verre à glace, tabac, bougies, armes, étoffes, corroierie, cuirs, stéarine... 1/12 kopek.

2e *Classe.* — Minerais, coke, charbon de bois, perches, planches, madriers, bois de charpente, marbres en bloc, pierres de taille, bitume, ardoises, fontes brutes, fers en barres ou en feuilles, plomb en saumon, chanvres, lin, poissons et viandes salés. 1/18 kopek.

3e *Classe.* — Céréales de tout genre, farine, sel, chaux, plâtre, bois à brûler, pierres à chaux et à plâtre, moellons, cailloux, sable, argile, tuiles, briques, pavés et matériaux divers, houille, marne, cendres, fumiers et engrais.............. 1/24 kopek.

Pour le transport des marchandises à petite vitesse, les tarifs ci-dessus seront réduits de 10 p. 0/0 pour tout parcours excédant 200 verstes jusqu'à 500 verstes, de 15 p. 0/0 pour tout parcours excédant 500 verstes jusqu'à 1,000 verstes, et de 20 p. 0/0 pour tout parcours excédant 1,000 verstes.

VOITURES PAR PIÈCE ET PAR VERSTE.

Droschki, voitures à deux ou à quatre roues, à un fond et à une seule banquette dans l'intérieur.................... 6 kopeks.

Voitures à quatre roues, à deux fonds et à deux banquettes dans l'intérieur.................................... 8 kopeks.

Dans les trains express qui pourront se composer seulement de wagons de première classe, les tarifs pourront être augmentés de 20 p. 0/0, à la condition que la vitesse moyenne des trains ne soit pas inférieure à 50 verstes par heure, temps d'arrêt non compris.

Dans les trains qui comprendront des compartiments de famille, pour quatre, six, huit ou dix places, on appliquera le tarif de la première classe augmenté de 40 p. 0/0.

Tout voyageur dont le bagage ne pèsera pas plus d'un poud n'aura à payer pour le port de ce bagage aucun supplément du prix de sa place.

Le poids des bagages excédant un poud sera payé à raison de 1/5e de kopek par poud et par verste.

Les marchandises qui, sur la demande des expéditeurs, seraient transportées à la vitesse des trains de voyageurs, payeront à raison de 1/6e de kopek par poud et par verste.

Pour les voitures, chevaux, bestiaux, poissons frais et gibier, qui, sur la demande des expéditeurs, seraient transportés dans les trains de voyageurs, on appliquera le double des taxes portées au tarif.

Les denrées, marchandises, effets et animaux non désignés au tarif précédent seront rangés, pour les droits à percevoir, dans les classes avec lesquelles ils auront le plus d'analogie.

La Compagnie sera autorisée à présenter à l'approbation du Gouvernement un tarif spécial :

1° Pour le transport des paquets, colis, petits articles pesant isolément moins de trois pouds ;

2° Pour l'or et l'argent, soit en lingots, soit monnayés ou travaillés, plaqué d'or et d'argent, mercure, platine, bijoux, pierres précieuses et autres valeurs.

Les perceptions autorisées par le présent article auront lieu par poud et par verste, sans égard aux fractions de poids et de distance; tout excédant du poud est compté pour un poud, toute verste entamée sera payée comme si elle avait été parcourue; néanmoins, pour toute distance parcourue moindre de six verstes, le prix sera perçu comme pour six verstes entières.

Les frais accessoires non mentionnés au tarif, tels que ceux de factage, de camionnage, de chargement, de déchargement et d'entrepôt dans les gares et magasins de chemins de fer, seront payés en dehors des tarifs ci-dessus spécifiés, mais d'après les prix confirmés par le Gouvernement.

Les tarifs fixés ci-dessus établissent une limite que la Compagnie ne pourra, dans aucun cas, dépasser sans une autorisation expresse du Gouvernement; mais elle pourra les réduire pour l'ensemble ou seulement pour quelques-uns des objets de transport, pour l'étendue de chaque ligne entière ou seulement pour le parcours d'une ou de plusieurs sections, de telle sorte, par exemple, que les prix, par unité de parcours, puissent décroître lorsque la distance augmente, et que ces prix puissent être mis en rapport avec la nature des marchandises et les facilités que les circonstances de l'exploitation présentent pour leur transport.

Les tarifs, une fois abaissés, pourront être relevés dans la limite du maximum, mais seulement après avoir été appliqués pendant trois mois, et après une publication préalable d'un mois.

Dans le cas où la Compagnie accorderait à un expéditeur ou à un entrepreneur de transports une réduction de tarif sous certaines conditions, elle serait tenue de l'appliquer à tous les expéditeurs et entrepreneurs de transports qui accepteraient les mêmes conditions, de telle sorte que, dans aucun cas, il ne soit fait de faveur individuelle.

Les expéditions de marchandises, à moins de stipulations expresses motivées sur des réductions de tarif au-dessous de la limite légale, ou sur des facilités d'autre nature données au commerce, auront lieu dans l'ordre des remises à la gare de départ.

Art. 13.

Les militaires et marins de la marine impériale, expédiés isolément ou en corps, paieront le quart du tarif légal.

Les chevaux, bagages, effets militaires et matériel de guerre desdits corps paieront la moitié des prix fixés par le tarif légal.

Art. 14.

La Compagnie est tenue d'effectuer gratuitement, dans chacun de ses trains ordinaires de voyageurs, le transport des dépêches accompagnées des agents nécessaires au service; à cet effet, la Compagnie sera tenue de réserver dans chaque train de voyageurs, sur la demande de l'administration des postes, un compartiment spécial de wagon d'une sagène et demie de longueur intérieure.

L'administration des postes aura, en outre, le droit d'exiger pour le transport des dépêches, avec une vitesse qui ne devra pas excéder celle qui est fixée par l'article 12 pour les trains express, un train spécial par jour dans chaque sens, dont les heures de départ, ainsi que la marche et les stationnements, seront réglés par le directeur des travaux publics après avoir entendu la Compagnie. L'administration des postes pourra placer dans ces trains spéciaux des voitures appropriées au transport des dépêches. Ces wagons-postes seront construits et entretenus à ses frais.

Il sera payé à la Compagnie une rétribution de trente kopeks par verste parcourue pour les trains spéciaux mis à la disposition de l'administration des postes.

Si cette administration emploie dans chaque train plus d'un wagon de poste, la rétribution n'excédera pas quinze kopeks par verste et par voiture, en sus de la première.

La Compagnie pourra placer dans ces trains spéciaux des voitures de toute classe pour le transport des voyageurs et des marchandises.

La Compagnie ne pourra être tenue d'établir des trains spéciaux ou de changer les heures de départ, la marche ou les stationnements de ces trains qu'autant que l'administration l'aura avertie par écrit quinze jours à l'avance. Néanmoins, toutes les fois qu'en dehors des services réguliers l'administration requerra l'expédition d'un train extraordinaire, soit de jour, soit de nuit, cette expédition devra être faite dans les six heures de l'avis donné, sauf l'observation des règlements de police. Le prix de ces trains extraordinaires sera payé par l'administration des postes sur le pied de un rouble cinquante kopeks argent par verste parcourue.

Dans les stations où il y aura nécessité d'établir un bureau de poste, la Compagnie sera tenue de donner gratuitement dans ses bâtiments un cabinet ou local convenable.

ART. 15.

La Compagnie aura la faculté d'établir, à ses frais, tous les appareils, poteaux et fils télégraphiques nécessaires pour son propre service, et d'en faire usage sous la surveillance des agents supérieurs de l'inspection du télégraphe, sans pouvoir, dans aucun cas, les appliquer à la transmission des dépêches d'intérêt privé ou autres ne concernant pas le service de l'exploitation. Dans le cas où l'Etat voudrait établir une ligne télégraphique le long des chemins concédés, il sera autorisé à se servir des poteaux du télégraphe de la Compagnie pour supporter ses propres fils.

ART. 16.

Aucune section des chemins concédés ne pourra être livrée à

l'exploitation qu'après une double vérification ayant pour but de constater, d'une part, que les travaux sont exécutés conformément aux plans approuvés; d'autre part, que l'exploitation pourra avoir lieu sans danger pour la sécurité publique.

Art. 17.

La Compagnie restera libre du choix de ses employés de tout grade, qu'elle pourra prendre en Russie ou à l'étranger. Cependant la nomination des employés supérieurs devra être approuvée préalablement par le Gouvernement, auquel la Compagnie devra remettre la liste générale de tous ses employés.

L'approbation du Gouvernement sera nécessaire pour toute me sure grave par ses conséquences dans le pays ou par son influence sur la garantie donnée par l'Etat, telle que l'aliénation ou l'affermage d'une partie des chemins de fer concédés, l'augmentation du capital social, la nomination des directeurs, l'émission d'emprunts autres que ceux autorisés par les Statuts pour la formation du capital primitif.

Art. 18.

La Compagnie sera affranchie, pendant la période de construction, de tous droits de douane ou autre sur les rails et accessoires de la voie, tels que plaques tournantes, changements de voie, machines et appareils d'alimentation, et sur les locomotives et tenders, voitures et wagons, essieux, roues, ressorts, ferrures de wagons isolées, machines-outils, outils et ustensiles des ateliers de réparation, matériaux bruts et ouvrés pour la construction du matériel, grues et engins, mobilier et outillage des stations.

Le tout jusqu'à concurrence des quantités nécessaires, et reconnues comme telles par l'Administration des voies de communication et des travaux publics, au premier établissement et à la mise en activité des chemins de fer concédés.

Art. 19.

Il sera fait entre la Direction générale des voies de communication et des travaux publics et la Compagnie concessionnaire un traité ayant pour but de régler les rapports des lignes appartenant à la Compagnie avec celle de Moscou à Saint-Pétersbourg.

Ce traité devra avoir pour effet :

1° De déterminer, pendant la durée de la période fixée pour la construction des lignes concédées à la Compagnie, le prix des transports des objets cités à l'article 18, nécessaires à l'établissement de ces lignes et de leur matériel d'exploitation, de telle sorte que ces prix ne puissent être fixés au-dessus du prix de revient ;

2° D'établir des tarifs autant que possible communs et uniformes pour les marchandises expédiées d'un point quelconque des lignes appartenant à la Compagnie à Saint-Pétersbourg, et réciproquement ;

3° D'établir le prix de location des wagons qui passeraient des lignes de la Compagnie sur celle de Moscou à Saint-Pétersbourg, et réciproquement.

ART. 20.

Les concessionnaires sont substitués à tous les droits de l'Etat, pour les expropriations et occupations de terrains et de propriétés bâties appartenant à des particuliers et nécessaires à l'établissement des chemins de fer. Les terrains vagues de la Couronne, traversés par les chemins de fer, seront délivrés gratuitement à la Compagnie, et, en général, celle-ci jouira pour ses travaux de toutes prérogatives établies pour les travaux de la Couronne.

ART. 21.

La Compagnie aura la faculté, sous l'observation des lois et règlements du pays :

1° D'acquérir des terres sans paysans et de les exploiter pour plantations, cultures, construction de bâtiment, etc. ;

2° D'établir, moyennant l'autorisation spéciale du Gouvernement, aux conditions qu'il déterminera, des routes de terre et autres chemins de service de fer ou de bois, canaux, docks.

ports, etc., qu'elle exploitera pour la correspondance des stations de chemin de fer avec les localités voisines;

3° D'établir et d'exploiter des entreprises de transport sur les fleuves et les rivières navigables et sur mer, ou de traiter avec les entreprises existantes du même genre;

4° D'entreprendre des exploitations de mines, usines, forêts, carrières et autres semblables.

ART. 22.

Aucun impôt, autre que ceux qui seraient applicables à la généralité des immeubles du pays, ne sera établi sur le sol, fonds ou revenu des chemins de fer.

La Compagnie ne paiera d'ailleurs aucun droit d'enregistrement, de timbre, de mutations ou autres, pour tous actes relatifs à la présente concession, à l'organisation de la Société, aucun droit de timbre sur les actions ou obligations, ni généralement pour la réalisation par émission d'actions ou d'obligations du capital qui lui sera nécessaire, mais non ultérieurement.

ART. 23.

Pour ce qui regarde le contrôle et la surveillance, ainsi que le service et le personnel de la Compagnie, l'entreprise relève immédiatement de la Direction générale des voies de communication et des travaux publics.

Cette surveillance s'exercera par des Commissaires spéciaux, nommés et payés par l'Etat, lesquels, sans s'immiscer aucunement dans la direction des affaires de la Compagnie, auront cependant le droit d'en prendre pleine connaissance, d'assister aux réunions de l'Assemblée générale, de veiller à l'exécution des lois et règlements du pays, de la part de la Compagnie aussi bien que de ceux avec qui elle se trouverait en rapport, et d'être entre le Gouvernement et la Compagnie un intermédiaire appelé à faciliter et simplifier les rapports mutuels.

Aucune amende, aucune condamnation, soit contre la Compagnie, soit contre ses agents, ne pourra être prononcée que par les autorités compétentes, conformément aux lois russes.

La responsabilité générale pour actes ou négligences relatifs à la gestion et à l'exploitation des chemins de fer ne pourra jamais atteindre que les employés salariés de la Compagnie, et dans aucun cas les membres du Conseil d'administration en leur qualité d'Administrateurs.

La responsabilité civile ne peut s'exercer que contre la Société, considérée comme un être collectif, et non personnellement contre ses membres (administrateurs ou actionnaires); cependant, pour des faits personnels, les membres de la Compagnie seront soumis aux lois générales.

ART. 24.

Toute contestation qui pourrait s'élever entre la Compagnie et l'Administration des voies de communication et des travaux publics sera examinée, dans le délai d'un mois, au comité des ministres et soumise à la décision définitive de Sa Majesté l'Empereur.

ART. 25.

La Compagnie pourra, moyennant l'approbation du Gouvernement, réunir à son entreprise, soit partiellement, soit en totalité, par voie d'achat, de fusion ou autre, les chemins de fer actuellement construits ou concédés, ou qui pourraient l'être ultérieurement.

ART. 26.

La Compagnie sera constituée en Société anonyme, conformément aux Statuts soumis à la sanction impériale.

ART. 27.

Faute par les concessionnaires ou la Compagnie qui les représenterait d'avoir exécuté et terminé, dans les délais prescrits, les travaux mis à leur charge, et satisfait aux autres obligations que leur impose le présent Acte, ils encourront, sauf les cas de force majeure, tels que guerre, blocus et autres calamités publiques, les pénalités suivantes :

Six mois après le premier avertissement du Directeur en chef des voies de communication et des travaux publics, touchant les clauses non exécutées, il sera donné à la Compagnie un second avertissement, et si, dans un second délai de six mois, il n'était pas fait droit aux réclamations du Gouvernement, le droit de la Compagnie à la garantie de cinq pour cent stipulée en sa faveur par l'article 6 du présent Acte ne lui serait acquis que sur celles des quatre lignes principales, énumérées audit article, qu'elle aurait terminées dans les délais prescrits et dont elle demeurerait, dans tous les cas, concessionnaire.

Quant aux lignes non terminées, le Gouvernement devenant propriétaire de l'ensemble des terrains achetés, des ouvrages construits, des matériaux approvisionnés pour l'établissement des lignes, même des sections desdites lignes qui seraient terminées et mises en exploitation, aura l'obligation de mettre chaque ligne séparément en adjudication aux clauses et conditions du présent cahier des charges, en laissant à la Compagnie, pour toute indemnité, l'option ou de toucher le prix total de l'adjudication s'il se présente acquéreur, ou de recevoir du Gouvernement, pendant la durée de la concession fixée par l'article 5, l'intérêt à cinq pour cent des sommes garanties par l'Etat, pour les sections terminées desdites lignes, intérêt qui lui sera dû et servi par le Gouvernement, même au cas où il n'y aurait pas d'adjudicataire.

Signé : *Le Directeur en chef des voies de communication et des travaux publics, aide de camp,*

Général TCHEFFKINE.

Le Ministre des finances, secrétaire d'Etat,

DE BROCK.

Au nom et par procuration de tous les fondateurs, le Conseiller d'Etat actuel,

Baron DE STIEGLITZ.

Traduit par le Conseiller de cour et chef de bureau,

BURMEISTER.

Vu et certifié pour traduction conforme, le Conseiller d'Etat actuel dirigeant la section,

RICARD.

Le Ministère impérial des affaires étrangères atteste que la traduction légale ci-dessus a été faite par son ordre. En foi de quoi ledit ministère a fait munir la présente de son sceau.

Saint-Pétersbourg, le 28 janvier 1857.

Le Directeur du département de l'Intérieur,

HILFERDING.

Le Chef de section,

A. MALEIN

STATUTS.

ART. 1er.

Les concessionnaires du premier réseau des chemins de fer en Russie, nommés dans l'acte de concession y relatif du 26 janvier 1857, fondent, pour l'exécution de cette entreprise, et avec l'autorisation de Sa Majesté l'Empereur de toutes les Russies, une Société anonyme, composée de tous les propriétaires des actions à émettre d'après les présents Statuts.

Objet. — Dénomination de la Société. — Siége et durée de la Société.

ART. 2.

Cette Société a pour objet :

1° L'achèvement et l'exploitation du chemin de fer de Saint-Pétersbourg à Varsovie;

La construction et l'exploitation d'un embranchement allant du précédent à la frontière de Prusse vers Kœnigsberg ;

La construction et l'exploitation d'un chemin de fer de Moscou à Théodosie, débouchant à la partie inférieure du Dniéper;

La construction et l'exploitation d'un chemin de fer se détachant du précédent et aboutissant au port de Liebau sur la Baltique ;

La construction et l'exploitation d'un chemin de fer de Moscou à Nijni-Novgorod ;

Lesdits cinq chemins désignés dans l'acte de concession confirmé par Sa Majesté l'Empereur ;

2° La construction et l'exploitation de tous les autres chemins de fer et voies de communication qui pourraient être ultérieurement concédés à la Société, pris à bail ou achetés par elle ;

3° Tous services de transport par terre ou par eau qui pourraient être établis par la Société en correspondance avec les chemins lui appartenant ou affermés par elle, sous réserve de tous priviléges et concessions déjà accordés ;

4° La jouissance et l'exploitation de tous les terrains, forêts, mines, usines, fabriques de machines ou autres qui seraient acquis par voie de concession, achetés ou affermés par la Société présentement ou dans l'avenir;

Le tout sous réserve de l'observation des lois générales du pays.

Art. 3.

Cette Société prend la dénomination de : *Grande Société des Chemins de fer Russes.*

Art. 4.

Le siége de la Société est à Saint-Pétersbourg.

Art. 5.

La Société commence le jour de sa constitution et finit à l'expiration du terme fixé pour la durée de la concession des chemins de fer ci-dessus désignés.

La Société sera constituée à partir du jour de l'approbation des présents Statuts.

Art. 6.

Apport de la concession.

Les fondateurs nommés à l'article 1er de l'acte de concession Apportent et transmettent à la Compagnie, sans aucune restriction ni réserve, autre que les droits qui leur sont attribués à titre de fondateurs par les articles 7 et 43 des présents Statuts, tous les droits qu'ils ont obtenus du Gouvernement Russe par ledit acte de concession, confirmé par Sa Majesté l'Empereur, le 26 janvier 1857.

En conséquence de ces apport et transmission, la Société est mise purement et simplement, comme ayant-droit, en leurs lieu et place, à la charge par elle de satisfaire à toutes les conditions et obligations qui résultent de ladite concession.

Le compte des frais, jusqu'à la mise en activité de la Société, sera réglé par le Conseil d'administration, qui fera le nécessaire pour le remboursement à qui de droit.

ART. 7.

Fonds social. — Actions. — Versements.

Le fonds social est fixé à 275 millions de roubles argent (un milliard cent millions de francs).

Ce capital sera formé successivement au moyen de la création d'actions de 125 roubles argent et d'obligations dont la coupure, la forme et les conditions d'émission seront déterminées par le Conseil d'administration.

Lesdites actions et obligations seront émises par séries.

Les obligations seront remboursables en quatre-vingt-cinq ans au plus.

Le produit de l'émission de ces obligations ne pourra, dans aucun cas, dépasser la moitié du fonds social.

La première émission sera de 600,000 actions, représentant un capital de 75 millions de roubles argent.

Les deux tiers des actions des séries qui suivront la première devront être mis à la disposition des porteurs des actions de la première série, et, s'il y a lieu, de l'ensemble des séries d'actions précédemment émises dans la proportion des actions possédées par chacun d'eux au moment de la nouvelle émission. L'autre tiers sera mis de droit à la disposition des fondateurs.

Ceux-ci, de même que les porteurs des premières actions, seront tenus d'effectuer, dans le délai d'un mois au plus, le versement requis, ou de renoncer aux actions.

Les actions et les obligations seront libellées de manière à pouvoir être négociées, outre la place de Saint-Pétersbourg, sur celles de Paris, Berlin, Londres et Amsterdam, savoir :

A Saint-Pétersbourg, à **125** roubles argent.

A Paris, sur le pied de.......	fr. **500**	pour **125** roubles argent.
A Londres, sur le pied de.....	£. **20**	
A Berlin,	**134** thalers de Prusse,	
A Amsterdam,	**236** florins de Hollande,	

Le fonds social peut, avec l'autorisation du Gouvernement, être augmenté, au moyen de la création de nouvelles actions ou obligations, dans la mesure nécessaire aux besoins des entreprises sociales.

Le soin de décider si l'augmentation du fonds social, autorisée par le paragraphe précédent, s'effectuera en une ou plusieurs fois, et de fixer l'époque des émissions qui devront la réaliser, reste abandonné à la Société.

Les actions ou obligations à créer dans ce but seront émises aux époques et dans les conditions que déterminera l'Assemblée générale des actionnaires.

Art. 8.

Les **600,000** actions représentant le capital de la première émission seront réparties en Russie et à l'étranger.

La totalité de ces actions est souscrite et appartient aux personnes ci-après dénommées dans les proportions suivantes :

MM. Stieglitz et Cie, de Saint-Pétersbourg, et S. A. Fraenkel, de Varsovie, ensemble deux cent vingt-cinq mille actions, ci.......................... **225,000**

Baring frères et Cie, à Londres, cent soixante-dix mille actions, ci.................... **170,000**

Thomas Baring, au nom et comme se portant fort de Hope et Cie, d'Amsterdam, soixante-dix mille actions, ci.................... **70,000**

I. Pereire et A. Thurneyssen, au nom et

A reporter............ **465,000**

Report	465,000
comme se portant fort de MENDELSSOHN et Cie, de Berlin, dix mille actions, ci	10,000
HOTTINGUER et Cie, vingt-cinq mille actions, ci.	25,000
I. PEREIRE et A. THURNEYSSEN, tant en leur nom personnel qu'au nom et comme se portant fort pour :	
MM. Emile PEREIRE,	
B.-L. FOULD et FOULD-OPPENHEIM,	
MALLET, frères et Cie,	
Baron SEILLIÈRE,	
J.-J. de URIBARREN et Cie,	
DES ARTS, MUSSARD, et Cie,	
A. D'EICHTHAL,	
F. GRIENINGER,	
Casimir SALVADOR,	
Ensemble, cent mille actions, ci	100,000
Ensemble, six cent mille actions, ci..	600,000

ART. 9.

Chaque action donne droit à une part proportionnelle dans la propriété de l'actif social et dans les bénéfices de l entreprise.

ART 10.

Après le versement de 30 p. 0/0, il sera remis aux ayants droit des titres au porteur.

ART. 11.

Les actions sont extraites d'un registre à souche, frappées du timbre sec de la Compagnie, et revêtues de la signature de deux Administrateurs, ou de celle d'un Administrateur et d'un employé de la Compagnie délégué à cet effet par le Conseil d'administrations

Chaque payement fait sur le montant d'une action sera constaté sur le titre.

ART. 12.

Le Conseil d'administration pourra autoriser le dépôt et la conservation des titres dans la caisse sociale, à Saint-Pétersbourg, et partout ailleurs dans les caisses qui seront désignées par lui.

ART. 13.

Les actions sont indivisibles, et la Société ne reconnaît qu'un seul propriétaire pour chaque action.

ART. 14.

La possession d'une action emporte adhésion aux Statuts de la Société.

Les héritiers ou ayants droit de l'actionnaire ne peuvent, sous quelque prétexte que ce soit, provoquer l'apposition des scellés sur les biens, argent et valeurs de la Société, ni s'immiscer, en aucune manière, dans son administration.

Ils doivent, pour l'exercice de leurs droits, s'en rapporter aux inventaires sociaux et aux délibérations de l'Assemblée générale.

ART. 15.

Les versements sur les actions sont payables dans les caisses désignées ou à désigner suivant l'article 12, aux conditions déterminées par le Conseil d'administration.

Toutefois, le premier versement appelé ne pourra être supérieur à 30 p. 0/0 du montant du capital.

Tout versement ultérieur devra être annoncé un mois au moins avant l'époque fixée pour le payement, à Saint-Pétersbourg, Moscou, Paris, Londres, Berlin et Amsterdam, dans deux des journaux autorisés à recevoir les annonces légales à Saint-Pétersbourg, à Moscou et à Paris.

Le Conseil d'administration pourra autoriser la libération anticipée des actions, mais seulement par voie de mesure générale applicable à toutes les actions.

ART. 16.

A défaut de versement aux époques déterminées, l'intérêt sera dû, par chaque jour de retard, à raison de 5 p. 0/0 par an.

La Société est autorisée à vendre les actions sur lesquelles les versements n'auront pas été faits dans les délais fixés.

A cet effet, les numéros de ces actions seront publiés dans les journaux indiqués en l'article 15, avec indication des conséquences de ce retard.

A partir du vingtième jour après cette publication, la Société, sans mise en demeure et sans autre formalité ultérieure, aura le droit de faire procéder à la vente des actions, en une fois ou successivement, sur duplicata, aux Bourses de Saint-Pétersbourg, Paris, Londres, Berlin ou Amsterdam, par le ministère d'un agent de change, et aux risques et périls des retardataires.

Les titres des actions ainsi vendues deviendront nuls de plein droit, et il en sera délivré aux acquéreurs de nouveaux ayant le même numéro que les titres annulés.

En conséquence, la négociation de toute action qui ne portera pas la mention régulière des versements qui auraient dû être opérés n'aura aucune valeur.

L'imputation du prix à provenir de la vente, après déduction des frais et intérêts dus, s'opérera en commençant par les versements les plus anciennement exigibles. L'excédant, s'il en reste, appartiendra à l'actionnaire exproprié.

ART. 17.

Les actionnaires ne sont engagés que jusqu'à concurrence du capital nominal de leurs actions; au delà, tout appel de fonds cesse d'être obligatoire.

ART. 18.

Conseil d'administration.

Les affaires de la Compagnie sont administrées par un Conseil composé de vingt membres.

La moitié au moins des Administrateurs sera choisie parmi les nationaux.

Le Président devra être Russe.

Les membres du Conseil sont nommés par l'Assemblée générale pour cinq années.

Chaque Administrateur doit être propriétaire de **100** actions qui seront inaliénables pendant la durée de ses fonctions. Les titres de ces actions seront déposés à Saint-Pétersbourg dans la caisse sociale, et partout ailleurs, dans les caisses qu'aura désignées le Conseil aux termes de l'article **12**.

ART. 19.

Les Administrateurs reçoivent des jetons de présence dont le montant total annuel ne pourra dépasser **50,000** roubles argent (**200,000** fr.)

ART. 20.

Par dérogation à l'article **18**, le premier Conseil d'administration sera composé ainsi qu'il suit :

Président.

Le conseiller privé et sénateur A. LEVSCHINE.

Vice-Présidents.

Le conseiller d'Etat actuel Baron de STIEGLITZ,
Thomas BARING, banquier à Londres.

Membres.

Le conseiller privé actuel et membre du conseil de l'Empire L. TEGOBORSKI ;
Le conseiller privé et sénateur B. DANZAS ;
Le général major à la suite de S. M. l'Empereur A. TIMACHEF ;
L'aide de camp de S. M. l'Empereur comte V. BOBRINSKI ;
Le prince S. KOTCHOUBEY, conseiller d'État en retraite ;
A. ABAZA, major en retraite ;

Le conseiller de commerce D. Polejayef ;

Le négociant S. Gwyer, membre du Conseil de commerce ;

Ernest Sillem, associé de la maison Hope et Cie, à Amsterdam ;

Guillaume Borski, banquier à Amsterdam ;

Francis Baring, banquier à Londres ;

Henri Hottinguer, banquier à Paris ;

Isaac Pereire, administrateur du chemin de fer de Paris à Lyon ;

Le baron Seillière, banquier à Paris ;

Auguste Thurneyssen, administrateur des chemins de fer de l'Ouest en France ;

Et Louis Fould, banquier à Paris.

Les personnes ci-dessus désignées sont autorisées à s'adjoindre un membre qui doit compléter avec elles le nombre fixé par l'article **18**.

A l'expiration des cinq premières années d'existence de la Société, le Conseil sera renouvelé chaque année par cinquième par l'Assemblée générale.

Jusqu'au renouvellement intégral du premier Conseil, le sort désignera l'ordre de sortie des Administrateurs, en commençant par ceux qui ne sont pas fondateurs.

Le renouvellement aura lieu ensuite par rang d'ancienneté.

Tout membre sortant peut être réélu.

Art. 21.

Le Conseil d'administration nomme, chaque année, parmi ses membres, un Président et deux Vice-Présidents qui peuvent être indéfiniment réélus.

En cas d'absence simultanée du Président et des Vice-Présidents, le Conseil désigne un de ses membres pour remplir les fonctions de Président.

Le Président et un Vice-Président sont choisis parmi les membres résidant en Russie ; le deuxième Vice-Président sera choisi parmi les membres résidant à l'étranger.

ART. 22.

Le Conseil d'administration se réunit au siége social sur la convocation du Président, aussi souvent que l'intérêt de la Société l'exige, et au moins une fois par mois.

Les décisions sont prises à la majorité absolue des membres présents en personne, ou représentés par des fondés de pouvoirs, conformément à l'article 23.

En cas de partage, la voix du Président est prépondérante.

Quatre Administrateurs au moins doivent être présents ou représentés, pour que les délibérations soient valables. Dans ce cas, la décision, pour être valable, doit être prise à l'unanimité des voix.

ART. 23.

Les Administrateurs non nationaux peuvent se faire représenter dans les délibérations du Conseil d'administration par des fondés de pouvoirs.

Chaque fondé de pouvoirs devra être propriétaire de cinquante actions, qui seront déposées dans la Caisse de la Société. Les pouvoirs lui seront donnés pour un an seulement, mais ils pourront être renouvelés.

Aucun Administrateur ou aucun fondé de pouvoirs ne peut avoir dans le Conseil d'administration plus d'une voix.

ART. 24.

Les délibérations du Conseil d'administration sont constatées par des procés-verbaux signés par le Président et par deux autres membres; les copies ou extraits de ces procès-verbaux doivent, pour être valables, être signés par le président ou par celui des membres qui en remplit les fonctions, et par un membre du Conseil d'administration au moins.

ART. 25.

En cas de décès ou de démission d'un Administrateur, il sera pourvu à son remplacement par le Conseil d'administration, aux conditions et suivant le mode indiqués aux articles **18** et **21**.

Les Administrateurs ainsi nommés auront les mêmes pouvoirs que les autres Administrateurs, et ne demeureront en fonction que pendant le temps qui resterait à courir de l'exercice de leurs prédécesseurs.

Ces nominations seront soumises à la confirmation de la plus prochaine Assemblée générale.

Art. 26.

Le Conseil d'administration est investi des pouvoirs les plus étendus pour l'administration des affaires de la Société :

1° Il conclut, autorise ou ratifie toutes conventions ayant trait à l'acquisition, à la construction, à la vente, à l'échange ou à la prise ou mise en ferme de tout chemin de fer ou autre établissement ou entreprise rentrant dans l'objet de la Société ; il autorise ou effectue tous achats ou ventes de terrains ou autres immeubles qui seraient nécessaires.

2° Il fait les traités relatifs aux rapports à établir avec d'autres chemins de fer ou avec toutes autres entreprises de transport.

3° Il règle l'emploi des fonds de la réserve et détermine le placement des fonds disponibles de la Société en Russie.

4° Il autorise toute vente ou échange d'effets, rentes et autres valeurs appartenant à la Société.

5° Il fixe et modifie, soit les tarifs, soit leur mode de perception ; il fait les règlements pour l'organisation du service, et pour l'exploitation des chemins de fer ou autres établissements.

6° Il traite et décide, dans les limites de ses Statuts, sur tous les intérêts de la Compagnie.

7° Il adresse au Gouvernement toute demande de prolongements de chemins de fer ou d'embranchements, de concessions nouvelles, de création et d'exploitation de mines ou usines et de tous autres établissements, sauf autorisation préalable ou ratification de ces demandes par l'Assemblée générale.

8° Il soumet à l'Assemblée générale toutes propositions d'emprunts, sauf, toutefois, les pouvoirs spéciaux que lui confère l'article 7 pour l'émission des obligations.

9° Il soumet pareillement à l'Assemblée les propositions de prolongements ou d'embranchements, de fusion ou traités avec d'autres Compagnies, de prolongation ou de renouvellement de la concession, de vente, échange, cession ou de dation à bail des chemins de fer, acquis ou concédés, de modifications ou additions aux Statuts, et notamment de l'augmentation du fonds social et de la prolongation de la Société.

10° Il nomme et révoque le Directeur général et les directeurs spéciaux de la Compagnie; il fixe leurs traitements.

11° Il pourvoit à la négociation des emprunts votés par l'Assemblée générale.

12° Il modifie, s'il y a lieu, pour le payement des coupons d'intérêts et de dividendes, le rapport établi entre les diverses monnaies par l'article 7, mais seulement après dix ans, à partir de la date de la confirmation des présents Statuts.

13° Il arrête, chaque année, les comptes qui devront être présentés à l'Assemblée générale, et fixe provisoirement le dividende.

14° Il fixe les dépenses générales de l'Administration. Il autorise toutes dépenses et tous payements, sans limitation de sommes.

15° Il passe, pour l'entretien et l'exploitation des chemins de fer et de toutes les entreprises de la Société, les traités d'achats et de ventes et généralement les marchés de toute nature; il règle les approvisionnements et autorise l'achat ou la vente de tous les matériaux, machines et autres objets nécessaires à l'exploitation ou produits par elle.

16° Il autorise tous retraits, soit des établissements de crédit, soit d'entre les mains de personnes privées, tous transferts, transports, ventes d'actions, obligations, rentes et autres documents pécuniaires appartenant à la Société.

17° Il donne toutes quittances, et notamment celles concernant le prix de vente des immeubles avec ou sans payement.

18° Il autorise ou donne toutes mainlevées de séquestre judiciaire et de saisies-arrêts, toute radiation d'hypothèques.

19° Il autorise toutes actions judiciaires, toutes mesures conservatoires, toutes transactions à l'amiable et toutes espèces d'arbitrages.

20° Il nomme et révoque, sur la proposition du Directeur, tous agents et employés commissionnés ; il fixe leurs attributions et leurs traitements, leur alloue toutes gratifications, et, en général, il statue sur tous les intérêts qui rentrent dans l'administration de la Société.

Neuf des Administrateurs, choisis parmi les membres du Conseil non nationaux ou Russes résidant à l'étranger, forment à Paris un Comité chargé de ce qui se rapporte aux intérêts de la Société hors de Russie.

Il est envoyé à ce Comité, dans les trois jours, une copie certifiée de chacun des procès-verbaux du Conseil.

Pour tous les objets spécifiés depuis le § 1° jusqu'au § 14° inclusivement, le Conseil d'administration devra demander l'avis du Comité de Paris, et il ne pourra prendre à cet égard une décision valable que vingt-et-un jours après, y compris le jour de la mise à la poste de la demande.

Les membres du Comité de Paris ont, en ce cas, le droit d'envoyer chacun, par écrit, un vote individuel, qui, s'il est arrivé avant l'expiration des vingt-et-un jours susdits, comptera comme s'il était émis en personne ou par un fondé de pouvoirs. (Art. 23.)

La mise à exécution de toute mesure grave par ses conséquences dans le pays, ou bien par son influence sur la garantie de l'Etat, telle que la vente ou l'affermage d'une partie du chemin de fer, l'augmentation de la dette ou du capital social, la nomination des Directeurs, devra préalablement recevoir l'approbation du Gouvernement.

Art. 27.

La direction de tous les services peut être confiée, sous la surveillance du Conseil d'administration, à un Directeur général.

Il peut lui être adjoint un ou plusieurs directeurs spéciaux ou sous-directeurs.

Le Directeur général assiste aux délibérations du Conseil; il y a voix consultative; il est exclusivement chargé de l'exécution des décisions du Conseil; il a sous ses ordres tous les fonctionnaires ou employés des services administratifs et techniques; il propose au Conseil d'administration la nomination ou la révocation des employés commissionnés et la fixation de leur traitement; il nomme et révoque les employés non commissionnés.

Il propose la fixation et la modification des tarifs, les règlements relatifs à l'organisation du service; il prépare les traités relatifs à la construction et à l'exploitation des chemins de fer et autres entreprises qui forment l'objet de la Société.

Un règlement particulier, qui sera arrêté par le Conseil d'administration, fixera les autres attributions du Directeur.

Art. 28.

Les membres du Conseil d'administration ne contractent, à raison de leur gestion, aucune obligation personnelle ou solidaire relativement aux engagements de la Société.

Ils ne répondent que de l'exécution de leur mandat.

Art. 29.

Les actes concernant les transferts de rentes et de tous autres documents pécuniaires appartenant à la Société, les actes d'acquisition, de vente et d'échange de propriétés immobilières de la Société, les traités, marchés et tous autres actes engageant la Société, les acquits et les endossements, ainsi que les mandats sur tous les dépositaires des fonds de la Société, doivent être signés par un Administrateur et par une personne désignée par le Conseil, à moins d'une délégation expresse du Conseil à un seul Administrateur, au Directeur ou à toute autre personne.

Les mandats sur les Banques et établissements de crédit du Gouvernement devront être signés par trois Administrateurs, conformément à l'article 1875, tome X, du Code civil russe. (Edition de 1842.)

ART. 30.

L'Assemblée générale régulièrement constituée représente l'universalité des actionnaires.

Assemblée générale des Actionnaires.

ART. 31.

L'Assemblée générale se compose de tous les actionnaires possédant au moins quarante actions.

Elle prend ses délibérations à la majorité absolue des membres présents, dans tous les cas où les présents Statuts ne s'y opposent pas.

Nul ne peut représenter un actionnaire s'il n'est lui-même membre de l'Assemblée générale. La forme des pouvoirs sera déterminée par le Conseil d'administration.

L'Assemblée est régulièrement constituée lorsque les actionnaires sont au nombre de trente, et représentent le vingtième du nombre des actions émises.

ART. 32.

Les décisions relatives aux emprunts, aux modifications des Statuts ou aux additions à y faire, ne pourront être prises que dans une Assemblée générale réunissant au moins le dixième des actions émises, et à la majorité des deux tiers des voix des membres présents, au nombre de quarante au moins.

Celles relatives à l'augmentation du fonds social par l'émission de nouvelles actions ou obligations, à la prolongation ou à la dissolution de la Société avant le temps fixé à l'article 5, ne pourront être prises que dans une Assemblée générale, représentant au moins le cinquième des actions émises, et également à la majorité des deux tiers des membres présents, au nombre de quarante au moins.

ART. 33.

Dans le cas où, sur une première convocation, les actionnaires présents ne rempliraient pas les conditions imposées par les articles 31 et 32 pour la validité des résolutions de l'Assemblée générale, il sera procédé à une seconde convocation à trente-cinq jours d'intervalle.

La seconde convocation est faite dans la forme prescrite par l'article 35 ci-après; mais le délai entre le jour de la publication de l'avis à Saint-Pétersbourg et celui de la réunion est réduit à trente jours.

Les décisions de l'Assemblée générale réunie en vertu de cette deuxième convocation ne peuvent porter que sur les objets à l'ordre du jour de la première.

Ces délibérations sont valables, quel que soit le nombre des actionnaires présents et celui des actions représentées.

Art. 34.

L'Assemblée générale se réunit chaque année à Saint-Pétersbourg, dans le courant du mois de juin.

Elle se réunit, en outre, extraordinairement, toutes les fois que le Conseil d'administration en reconnaît l'utilité.

Art. 35.

Les convocations ordinaires et extraordinaires sont faites par un avis inséré, quarante jours au moins avant l'époque de la réunion, dans les journaux indiqués en l'article 15.

Lorsque l'Assemblée générale doit être appelée à délibérer sur les objets mentionnés en l'article 32, les avis de convocation doivent expressément les spécifier.

Art. 36.

Les actionnaires, pour avoir le droit d'assister à l'Assemblée générale, doivent déposer leurs titres au siége de la Société à Saint Pétersbourg, et partout ailleurs dans les caisses qui seraient désignées par le Conseil d'administration, quinze jours au moins avan l'époque fixée pour la réunion de chaque Assemblée.

Il est remis à chacun d'eux une carte d'admission; cette carte est nominative et personnelle.

Les certificats constatant un dépôt de titres fait conformément à l'article 12 jusqu'à concurrence de quarante actions au moins, donnent droit à la remise de cartes d'admission à l'Assemblée générale, pourvu que le dépôt des titres ait lieu quinze jours au moins avant l'époque fixée pour l'Assemblée générale.

Chaque carte d'admission doit constater le nombre d'actions déposées.

ART. 37.

L'Assemblée générale est présidée par le Président ou par l'un des Vice-Présidents du Conseil d'administration, et, à leur défaut, par l'Administrateur désigné par le Conseil pour les remplacer.

Les fonctions de Scrutateurs seront remplies par les deux plus forts actionnaires présents au moment de l'ouverture de la séance, et qui auront accepté.

Le Président désigne le Secrétaire.

ART. 38.

Les votes de l'Assemblée générale sont comptés comme il est dit en l'article 39.

En cas de partage, la voix du Président sera prépondérante.

ART. 39.

Chaque nombre de quarante actions donne droit à une voix ; le même actionnaire ne peut réunir plus de dix voix en son nom personnel; comme fondé de pouvoirs, il peut en réunir encore vingt au plus.

ART. 40.

Les comptes sont soumis à l'Assemblée générale; elle les approuve, si rien ne s'y oppose.

Elle nomme les Administrateurs qu'il y a lieu de remplacer, par suite d'expiration de leurs fonctions, de décès, de démission ou autre cause.

Elle prononce, dans les limites des Statuts, sur tous les intérêts de la Société.

Elle délibère sur les propositions qui lui sont soumises, en exécution de l'article 26, et donne au Conseil d'administration les pouvoirs nécessaires pour exécuter ses résolutions.

ART. 41.

Les décisions de l'Assemblée générale, prises conformément aux Statuts, obligent tous les actionnaires.

Elles doivent être constatées par des procès-verbaux signés par le Président, par l'un des Scrutateurs et par le Secrétaire.

Les copies ou extraits de ces procès-verbaux, qui pourront être produits partout où besoin sera, devront être signés par le Président du Conseil d'administration, ou par celui des Administrateurs qui en remplit les fonctions, et par un des autres membres du Conseil.

Une feuille de présence, destinée à constater le nombre des membres assistant à l'Assemblée et celui des actions représentées par chacun d'eux, sera annexée à la minute du procès-verbal, ainsi que les pouvoirs. Cette feuille est signée par chaque actionnaire, en entrant en séance.

ART. 42.

Comptes annuels. — Intérêts. — Dividendes. — Fonds de réserve.

Pendant toute la durée de la construction des diverses sections de chemins entrepris par la Compagnie, ou de tous autres établissements se rattachant directement ou indirectement à l'exploitation des chemins de fer concédés, et jusqu'au moment de la mise en exploitation de ces sections, il sera prélevé chaque année sur le capital, pour être réunis aux produits nets de l'exploitation des parties déjà exploitées ou des établissements en activité, 5 p. 0/0 du capital engagé dans ces travaux, et resté jusque-là improductif.

Ce prélèvement ne sera pas applicable aux travaux d'achèvement ou d'entretien des sections ou établissements en exploitation.

ART. 43.

Le bilan sera arrêté au 31 décembre de chaque année et soumis à l'Assemblée générale avec les comptes y relatifs et les pièces justificatives.

Sur le produit net, c'est-à-dire après déduction de toutes les charges et dépenses d'entretien ou d'exploitation, il sera prélevé les sommes nécessaires :

1° Au service des emprunts faits par la Compagnie ;

2° A l'intérêt et à l'amortissement des actions ;

3° A la restitution des avances faites par l'État, conformément à l'acte de concession de ce jour.

La somme restant disponible après ces prélèvements constituera l'excédant des produits nets annuels.

Cet excédant, déduction faite de la somme à retenir pour la réserve, conformément à l'article 44, sera réparti de la manière suivante :

90 p. 0/0 en faveur des actions amorties ou non amorties ; les actions amorties devant être représentées par des coupons de jouissance dont la forme sera déterminée par le Conseil d'administration de la Compagnie.

6 p. 0/0 en faveur des fondateurs désignés en l'article 6, pour être répartis entre eux dans les proportions dont ils seront convenus, et représentés par des coupons dont la forme sera déterminée par le Conseil d'administration ;

2 p. 0/0 en faveur des Administrateurs ;

2 p. 0/0 en faveur des employés, pour être répartis entre eux dans les proportions qui seront déterminées par le Conseil d'administration.

Lorsque le Conseil d'administration se sera rendu un compte suffisant des bénéfices réalisés pendant le courant d'un semestre, il pourra autoriser une répartition anticipée, jusqu'à concurrence de 2 1/2 p. 0/0 au plus des versements effectués sur chaque action.

ART. 44.

Il sera prélevé sur l'excédant des produits nets annuels (art. 43) une somme de 5 p. 0/0 au moins, destinée à constituer une réserve pour les dépenses imprévues.

Quand la réserve aura atteint cinq millions de roubles argent, ce prélèvement pourra être réduit ou suspendu.

Il reprendra cours aussitôt que le fonds de réserve sera descendu au-dessous de cinq millions de roubles argent (vingt millions de francs).

ART. 45.

S'il arrivait que, dans le cours d'une ou de plusieurs années, les produits nets de l'entreprise fussent insuffisants pour assurer le remboursement du nombre d'actions à amortir, la somme nécessaire pour compléter le fonds d'amortissement serait prélevée sur la réserve, et, à defaut, sur les premiers produits nets disponibles des années suivantes, par préférence et antériorité à toute attribution de dividendes aux actionnaires.

ART. 46.

L'amortissement des actions sera effectué en quatre-vingt-cinq ans, à partir du 1er janvier 1867; il y sera pourvu par une allocation proportionnelle au capital nominal et par l'intérêt des actions successivement remboursées.

La désignation des actions à amortir aura lieu au moyen d'un tirage au sort qui se fera publiquement à Saint-Pétersbourg, chaque année, aux époques et suivant les formes qui seront déterminées par le Conseil d'administration.

Les propriétaires des actions désignées par le tirage au sort pour le remboursement recevront le capital de leurs actions, avec les intérêts et les dividendes jusqu'au jour indiqué pour le remboursement, et, en échange de leurs actions primitives, des actions spéciales au porteur ou coupons de jouissance. Ces actions donneront droit à une part proportionnelle dans le partage des bénéfices mentionnés à l'article 43.

Les porteurs de ces actions de jouissance conserveront, du reste, les mêmes droits que les porteurs des actions non amorties, sauf l'intérêt à 5 p. 0/0 sur le capital remboursé de leurs actions, auquel ils n'auront plus aucun droit.

Les numéros des actions désignées par le sort pour être remboursées seront publiés comme il est dit en l'article 15.

Le remboursement du capital de ces actions sera effectué au siége de la Société à Saint-Pétersbourg et dans les caisses qui auront été désignées par le Conseil, aux termes de l'article 12.

ART. 47.

Le payement des intérêts et des dividendes a lieu, d'après la décision du Conseil d'administration, par semestre ou par année, au siége de la Société, à Saint-Pétersbourg, à Paris, à Londres, à Berlin et à Amsterdam, dans les caisses qui auront été désignées par le Conseil d'administration. Ces époques devront être publiées de la manière indiquée à l'article 15.

Tous les intérêts et dividendes qui n'auront pas été touchés à l'expiration des cinq années après cette publication sont acquis à la Société.

ART. 48.

Dispositions générales. — Modifications des Statuts. — Liquidation.

Si l'expérience fait reconnaître la convenance d'apporter quelques modifications ou additions aux présents Statuts, l'Assemblée générale est autorisée à y pourvoir dans la forme déterminée par les articles 32 et 33.

Les délibérations à cet égard ne seront exécutoires qu'après avoir été approuvées par le Gouvernement.

Tous pouvoirs sont donnés d'avance au Conseil d'administration délibérant à la majorité des deux tiers de ses membres présents, dans une Assemblée spécialement convoquée à cet effet, pour consentir les changements que le Gouvernement jugerait nécessaire d'apporter aux résolutions votées par l'Assemblée générale.

ART. 49.

En cas de dissolution de la Société, l'Assemblée générale sera immédiatement convoquée par le Conseil d'administration, et déterminera, sur sa proposition, le mode de liquidation à suivre.

ART. 50.

Contestations.

Toutes les contestations qui pourront s'élever entre les associés sur l'exécution des présents Statuts seront jugées par arbitres nommés par les parties, sans qu'il puisse être nommé plus d'un seul arbitre pour toutes les parties qui auront le même intérêt. L'appel des sentences arbitrales sera porté devant le tribunal de commerce de Saint-Pétersbourg.

Les procès touchant l'intérêt général et collectif de la Société ne peuvent être intentés, soit contre le Conseil d'administration, soit contre l'un de ses membres, qu'au nom de la masse des actionnaires et en vertu d'une délibération de l'Assemblée générale.

Tout actionnaire qui veut provoquer une plainte de cette nature doit en faire, trente-cinq jours au moins avant la prochaine Assemblée générale, l'objet d'une communication au Conseil d'administration, qui est tenu de mettre la proposition à l'ordre du jour de cette Assemblée.

Si la proposition est repoussée par l'Assemblée, aucun actionnaire ne peut la reproduire en justice dans son intérêt particulier; si elle est accueillie, l'Assemblée générale désigne sur-le-champ un ou plusieurs Commissaires pour suivre la contestation.

Les significations auxquelles donnent lieu la procédure ne peuvent être adressées qu'aux susdits Commissaires, et, dans aucun cas, elles ne doivent l'être aux actionnaires personnellement.

Le siége de la Société à Saint-Pétersbourg est en même temps son domicile légal, et nulle signification ne peut lui être adressée qu'à ce domicile.

ART. 51.

Commissaires du Gouvernement.

Le Gouvernement fera exercer le droit de surveillance qui lui appartient par des Commissaires qu'il désignera.

Les Commissaires auront le droit de prendre connaissance de la gestion des affaires de la Société.

Ils auront à veiller à ce que la Société ne dépasse pas les limites de sa concession, et à ce qu'elle observe exactement ses engagements, les conditions des Statuts et les prescriptions générales des lois du pays.

Signé : *Le Directeur en chef des voies de communication et des travaux publics, aide de camp,*

Général TCHEFFKINE.

Le Ministre des finances, secrétaire d'Etat.

DE BROCK.

Au nom et par procuration de tous les fondateurs, le Conseiller d'Etat actuel,

Baron DE STIEGLITZ.

Traduit par le Conseiller de cour et chef de bureau,

BURMEISTER.

Vu et certifié pour traduction conforme, le Conseiller d'Etat actuel dirigeant la section,

RICARD.

Le Ministère impérial des Affaires étrangères atteste que la traduction légale ci-dessus a été faite par son ordre. En foi de quoi ledit Ministère a fait munir la présente de son sceau.

Saint-Pétersbourg, le 28 janvier 1857.

Le Directeur du département de l'Intérieur,

HILFERDING.

Le Chef de section,

A. MALEIN.

Paris, imprimerie administrative de Paul Dupont.—(1013)

Paris, Impr. de Paul Dupont, rue de Grenelle-Saint-Honoré, 45. — (1014)

www.ingramcontent.com/pod-product-compliance
Ingram Content Group UK Ltd.
Pitfield, Milton Keynes, MK11 3LW, UK
UKHW020443180726
13839UKWH00004B/1585